“La Comida Es Poder”

Una guía de líderes comunitarios para la revolución alimentaria mundial

La comida es poder, y quien tiene la comida tiene el poder. – Dr. Don Matison

Por:
Dr. Daniel Daves, Ph.D.

"La comida es poder", una guía de líderes comunitarios para la revolución alimentaria mundial.

ISBN 978-0-9895919-8-0

Impreso en los Estados Unidos de América.
Las traducciones de la Biblia utilizadas incluyen: NIV, KJV, GW y MSG

Dr. Daniel Daves: Maestros de Misionología, D. Min., Ph.D. Administración Cristiana, Logos Bible College & Graduate School, Jacksonville, FL USA.
www.doctordanieldaves.com

Para solicitar más copias para usted o su grupo, vaya a www.mighteagle.com o contacte a Mighty Eagle Publishing en info@mightyeagle.com.

www.globalfoodproviders.com

Tabla de Contenidos

Introducción:

La comida es poder, y quien tiene la comida tiene el poder. - Dr. Don Matison

Con pasión y fervor, le suplico que se tome en serio el contenido de este folleto. Es el libro complementario de "Global Food Revolution" y está enfocado directamente hacia los líderes de la comunidad cristiana de todo tipo: pastores, empresarios, líderes de organizaciones sin fines de lucro, funcionarios gubernamentales, educadores, jefes tribales y líderes de fe.

Estamos ante el precipicio de una catástrofe mundial de crisis alimentaria que lo afectará a usted y a quienes están bajo su influencia, si es que aún no lo ha hecho. Nuestro mundo está cambiando rápidamente. Las poblaciones están explotando, los patrones climáticos están cambiando permanentemente y los líderes mundiales de la salud están gritando:

"¡Tome acción evasiva inmediata o sufra las consecuencias!".

Cita: "*Los números cuentan una historia profundamente preocupante. Es una carrera contra el tiempo: tenemos que actuar ahora para salvar las*

son solo el preludio de los próximos "Grandes Eventos" que podrían destruir todo el suministro de alimentos a nivel nacional y regional.
¿Qué se puede hacer para detener esto? De hecho, se requiere su liderazgo para preparar, capacitar y enfocar a su comunidad hacia la "seguridad alimentaria". Si bien es posible que no se le haya requerido comprender o aprender sobre seguridad alimentaria en el pasado, sin duda, su familia, empresa, iglesia y comunidad necesitan su liderazgo en este campo ¡AHORA! Dejar esto será perder su oportunidad de asegurar su comunidad.

La razón por la que escribí este folleto complementario para líderes cristianos es para advertirle de un desastre global pendiente y para ayudarlo a enfrentar este problema antes de que lo supere a usted y a su comunidad.
La seguridad alimentaria y la sostenibilidad son posibles absolutamente si podemos ver la necesidad y desarrollar un plan de acción local. Pero tenemos que hacerlo ahora y no más tarde. Los proyectos de alimentos agrícolas, la capacitación y las curvas de aprendizaje adecuadas pueden tardar años en desarrollarse con éxito. Si esperamos hasta que la tormenta esté sobre nosotros, seremos como las cinco vírgenes insensatas que no tenían aceite en sus lámparas.

vidas y los medios de vida de millones de personas al borde de la inanición actual. "

Ertharin Cousin, Director Ejecutivo del Programa Mundial de Alimentos de la Naciones Unidas

Las tierras agrícolas utilizables a nivel mundial se están agotando. Los agricultores se están retirando. Las poblaciones mundiales se están disparando. Y aunque necesitamos duplicar nuestra producción global de alimentos, en realidad estamos en declive. Esto supone un desastre para la humanidad, especialmente diezmar a los pobres, a la viuda y al huérfano. Los que están "en riesgo" no tienen capacidad para salir del camino, hacer los ajustes locales necesarios, iniciar proyectos agrícolas en masa o recibir educación crítica para evitar el colapso de alimentos que se avecina.

Cita: *"El mundo necesita producir al menos un 50% más de alimentos para alimentar a 9 mil millones de personas para 2050. Pero el cambio climático podría reducir los rendimientos de los cultivos en más del 25%. La tierra, la biodiversidad, los océanos, los bosques y otras formas de capital natural se están agotando a tasas sin precedentes. A menos que cambiemos la forma en que cultivamos nuestros alimentos y administramos nuestro capital natural, la seguridad alimentaria, especialmente para los más pobres del mundo, estará en riesgo.* - Informe de las Naciones Unidas sobre la Alimentación - Banco Mundial, 2016

El tiempo es corto y se necesita un fuerte liderazgo mundial y comunitario para evitar la crisis más grande de nuestras vidas.

Mi amigo. No debemos llegar tarde a este gran evento mundial actual. Un billón o más de vidas cuentan con nosotros. Lo milagroso se desarrollará si llegamos a tiempo. Pero no hay que perderse la temporada. Debemos aprovechar el momento ahora.

Ester 4:14 (NVI) *¡Quién sabe si no has llegado al trono precisamente para un momento como este!*

De hecho, hemos venido al reino por un tiempo como este.

\- Dr. Daniel Daves

Obtenga nuestras actualizaciones informativas de la revolución alimentaria mundial en www.globalfoodproviders.com.

Capítulo 1: El tiempo es corto. inseguridad alimentaria está a

Si alguna vez hubo una gran oportunidad pa los líderes se apoderen de la seguridad alim mundial, es ahora mismo. Actualmente es perdiendo a 3,900 personas por día debid inanición en todo el mundo. Esos númer duplicarán, luego se duplicarán de nue nuevamente en los próximos años. Toda estadísticas, datos científicos y organizac mundiales de alimentos están gritando en voz

"Prepárese para las mayores interrupciones alimentarias glob de nuestros tiempos"

La seguridad alimentaria mundial es tan débi la menor interrupción en el suministro alimentos vaciará los estantes de las tienda comestibles, eliminará los suministros de almacenes y provocará el pánico en las ma Las interrupciones climáticas actuales e despojando a las granjas de los rendimiento sus granjas, quebrando regiones agrícolas e totalidad y obligando a la agricultura a mudar nuevas zonas de cultivo.

La ciencia dice que las interrupciones climáti

vidas y los medios de vida de millones de personas al borde de la inanición actual. "

Ertharin Cousin, Director Ejecutivo del Programa Mundial de Alimentos de la Naciones Unidas

Las tierras agrícolas utilizables a nivel mundial se están agotando. Los agricultores se están retirando. Las poblaciones mundiales se están disparando. Y aunque necesitamos duplicar nuestra producción global de alimentos, en realidad estamos en declive. Esto supone un desastre para la humanidad, especialmente diezmar a los pobres, a la viuda y al huérfano. Los que están "en riesgo" no tienen capacidad para salir del camino, hacer los ajustes locales necesarios, iniciar proyectos agrícolas en masa o recibir educación crítica para evitar el colapso de alimentos que se avecina.

Cita: *"El mundo necesita producir al menos un 50% más de alimentos para alimentar a 9 mil millones de personas para 2050. Pero el cambio climático podría reducir los rendimientos de los cultivos en más del 25%. La tierra, la biodiversidad, los océanos, los bosques y otras formas de capital natural se están agotando a tasas sin precedentes. A menos que cambiemos la forma en que cultivamos nuestros alimentos y administramos nuestro capital natural, la seguridad alimentaria, especialmente para los más pobres del mundo, estará en riesgo.* - Informe de las Naciones Unidas sobre la Alimentación - Banco Mundial, 2016

El tiempo es corto y se necesita un fuerte liderazgo mundial y comunitario para evitar la crisis más grande de nuestras vidas.

Mi amigo. No debemos llegar tarde a este gran evento mundial actual. Un billón o más de vidas cuentan con nosotros. Lo milagroso se desarrollará si llegamos a tiempo. Pero no hay que perderse la temporada. Debemos aprovechar el momento ahora.

Ester 4:14 (NVI) *¡Quién sabe si no has llegado al trono precisamente para un momento como este!*

De hecho, hemos venido al reino por un tiempo como este.

\- Dr. Daniel Daves

Obtenga nuestras actualizaciones informativas de la revolución alimentaria mundial en www.globalfoodproviders.com.

Capítulo 1: El tiempo es corto. La inseguridad alimentaria está aquí.

Si alguna vez hubo una gran oportunidad para que los líderes se apoderen de la seguridad alimentaria mundial, es ahora mismo. Actualmente estamos perdiendo a 3,900 personas por día debido a la inanición en todo el mundo. Esos números se duplicarán, luego se duplicarán de nuevo, y nuevamente en los próximos años. Todas las estadísticas, datos científicos y organizaciones mundiales de alimentos están gritando en voz alta:

"Prepárese para las mayores interrupciones alimentarias globales de nuestros tiempos"

La seguridad alimentaria mundial es tan débil que la menor interrupción en el suministro de alimentos vaciará los estantes de las tiendas de comestibles, eliminará los suministros de los almacenes y provocará el pánico en las masas. Las interrupciones climáticas actuales están despojando a las granjas de los rendimientos de sus granjas, quiebrando regiones agrícolas en su totalidad y obligando a la agricultura a mudarse a nuevas zonas de cultivo.

La ciencia dice que las interrupciones climáticas

son solo el preludio de los próximos "Grandes Eventos" que podrían destruir todo el suministro de alimentos a nivel nacional y regional.
¿Qué se puede hacer para detener esto? De hecho, se requiere su liderazgo para preparar, capacitar y enfocar a su comunidad hacia la "seguridad alimentaria". Si bien es posible que no se le haya requerido comprender o aprender sobre seguridad alimentaria en el pasado, sin duda, su familia, empresa, iglesia y comunidad necesitan su liderazgo en este campo ¡AHORA! Dejar esto será perder su oportunidad de asegurar su comunidad.

La razón por la que escribí este folleto complementario para líderes cristianos es para advertirle de un desastre global pendiente y para ayudarlo a enfrentar este problema antes de que lo supere a usted y a su comunidad.
La seguridad alimentaria y la sostenibilidad son posibles absolutamente si podemos ver la necesidad y desarrollar un plan de acción local. Pero tenemos que hacerlo ahora y no más tarde. Los proyectos de alimentos agrícolas, la capacitación y las curvas de aprendizaje adecuadas pueden tardar años en desarrollarse con éxito. Si esperamos hasta que la tormenta esté sobre nosotros, seremos como las cinco vírgenes insensatas que no tenían aceite en sus lámparas.

Mateo 25:6-12 (RVR1960) 6 *"Y a la medianoche se*
oyó un clamor: !!Aquí viene el esposo; salid a
recibirle! 7 *Entonces todas aquellas vírgenes se*
levantaron, y arreglaron sus lámparas. 8 *Y las*
insensatas dijeron a las prudentes: Dadnos de
vuestro aceite; porque nuestras lámparas se
apagan. 9 *Mas las prudentes respondieron diciendo:*
Para que no nos falte a nosotras y a vosotras, id más
bien a los que venden, y comprad para vosotras
mismas. 10 *Pero mientras ellas iban a comprar, vino*
el esposo; y las que estaban preparadas entraron
con él a las bodas; y se cerró la puerta. 11 *Después*
vinieron también las otras vírgenes, diciendo:
!!Señor, señor, ábrenos! 12 *Mas él, respondiendo,*
dijo: De cierto os digo, que no os conozco."

La Santa Biblia cuenta la historia de cómo el pueblo de Dios puede perderse los eventos más grandes de nuestras vidas. Me estremezco de miedo al pensar que potencialmente podríamos perdernos esto. Este problema va a requerir una nueva mentalidad. Tomará una nueva forma de acción y liderazgo. Requerirá una nueva botella.

Lucas 5:37-39 (NVI) 37 *Ni echa nadie vino nuevo en*
odres viejos. De hacerlo así, el vino nuevo hará
reventar los odres, se derramará el vino y los odres
se arruinarán. 38 *Más bien, el vino nuevo debe*
echarse en odres nuevos. 39 *Y nadie que haya*
bebido vino añejo quiere el nuevo, porque dice: "El
añejo es mejor".

Esta historia deja claro que Dios no puede llenar un viejo, anticuado sistema con una idea nueva. La Palabra nos recuerda continuamente que renovemos nuestras mentes, metas, y vision para mantenernos en posiciòn para un fresco mover del Espíritu Santo. Tambien nos recuerda que una persona quien ha bebido de las viejas bendiciones del pasado no necesariamente desea lo nuevo porque ellos desean naturalmente vivir en las glorias del pasado.

No hay tiempo para vivir en el pasado o para abrazar vijas dinamicas, ideologias o paradigmas. Un Nuevo día se ha acerdado. Dios esta buscando una nueva botella que pueda contener un fresco mover de Su Santo Espiritu que tocara a la humanidad en una gran escala global. Esta nueva crisis de seguridad alimentaria mundial es una gran oportunidad para la iglesia que nos llevará lejos de las paredes de los edificios de nuestra iglesia local. Esta crisis y las oportunidades correspondientes nos empujarán a los campos de cosecha de la industria, la agricultura, la preparación y distribución de alimentos. Nos encontraremos profundamente involucrados en los segmentos humanitarios, industriales, políticos, educativos y empresariales de la sociedad donde miles de millones de personas viven y trabajan veinticuatro horas al día, siete días a la semana. El mensaje del evangelio se entregará en nuevas botellas, porque este nuevo día nos ha llegado mientras el mundo vive en la oscuridad absoluta.

Isaias 60:1-4 (RV1960) *Levántate, resplandece; porque ha venido tu luz, y la gloria de Jehová ha nacido sobre ti.* [2] *Porque he aquí que tinieblas cubrirán la tierra, y oscuridad las naciones; mas sobre ti amanecerá Jehová, y sobre ti será vista su gloria.*[3] *Y andarán las naciones a tu luz, y los reyes al resplandor de tu nacimiento.*[4] *Alza tus ojos alrededor y mira, todos éstos se han juntado, vinieron a ti; tus hijos vendrán de lejos, y tus hijas serán llevadas en brazos.*

La mayor oscuridad se convierte en la mayor oportunidad para aquellos de quienes la gloria de Dios se levanta. No queremos perdernos esta oportunidad que està en frente nuestro. Aprovechar el momento. Aprovecha el día. La gloria del Señor se eleva sobre ti, y el mundo verá su luz claramente mientras guias el camino de la salvación para tu comunidad.

Mateo 11:12 RVR [12] *Desde los días de Juan el Bautista hasta ahora, el reino de los cielos sufre violencia, y los violentos lo arrebatan.*

Aprovecha el momento, y aprovecha el día.

Capítulo 2: Se sobrio y vigilante

Los hechos están seguros de que grandes cambios están llegando al planeta tierra. Todos los datos y estadísticas se publican claramente en el libro "Global Food Revolution". Y mientras intentamos obtener una perspectiva del futuro y cómo la gran crisis de seguridad alimentaria afectará a nuestras familias, empresas, comunidades y a la iglesia en general, seamos líderes, mantengámonos sobrios y vigilantes en nuestro liderazgo.

1 Pedro 5:8-11 RVR [8] *Sed sobrios, y velad; porque*
vuestro adversario el diablo, como león rugiente,
anda alrededor buscando a quien devorar; [9] *al cual*
resistid firmes en la fe, sabiendo que los mismos
padecimientos se van cumpliendo en vuestros
hermanos en todo el mundo. [10] *Mas el Dios de toda*
gracia, que nos llamó a su gloria eterna en
Jesucristo, después que hayáis padecido un poco de
tiempo, él mismo os perfeccione, afirme, fortalezca
y establezca. [11] *A él sea la gloria y el imperio por los*
siglos de los siglos. Amén.

Sobrio: *Templado de cualquier manera; ni extrema ni extravagante, seria, solemne, grave o sedada, ni exagerada ni distorsionada: la verdad sobria, caracterizado por la razón, la cordura o el* *autocontrol; Mostrando equilibrio mental y emocional.*

Vigilante: *Mantenerse atento y alerta a los peligros o problemas.*

Nos acercamos al aniversario de 2,000 años del nacimiento de la iglesia de Jesucristo. Los líderes de la iglesia se están reuniendo "en masa" para asegurarse de que el evangelio se haya predicado a todas las naciones, tribus, lenguas, razas y grupos de personas antes de que llegue la fecha de aniversario, alrededor de 2030. Estamos cerca de la meta y debemos aprovechar cada oportunidad que tenemos que se presenta en esta próxima década.

Oseas 6:1-2 RVR *[1] Venid y volvamos a Jehová; porque él arrebató, y nos curará; hirió, y nos vendará.[2] Nos dará vida después de dos días; en el tercer día nos resucitará, y viviremos delante de él.*

Estamos viviendo en la temporada de cambio espiritual y natural de paradigma, donde el segundo día es tragado por el tercer día (un día es como mil años, 2 Pedro 3: 8) y donde el labrador se apodera del segador y los segadores superarán a los que están sembrando semilla.

Amós 9:13-15 (RVR) [13] *He aquí vienen días, dice Jehová, en que el que ara alcanzará al segador, y el pisador de las uvas al que lleve la simiente; y los montes destilarán mosto, y todos los collados se derretirán.* [14] *Y traeré del cautiverio a mi pueblo Israel, y edificarán ellos las ciudades asoladas, y las habitarán; plantarán viñas, y beberán el vino de ellas, y harán huertos, y comerán el fruto de ellos.* [15] *Pues los plantaré sobre su tierra, y nunca más serán arrancados de su tierra que yo les di, ha dicho Jehová Dios tuyo.*

De hecho, una aceleración del reino está sobre nosotros donde muchas cosas comienzan a acelerarse. Lo que solía llevar una década ahora tomará un año. Los modelos de negocio que demandaron cinco años ahora se completarán en 30 días. Aquellos que están sembrando serán golpeados desde atrás por los cosechadores debido a la aceleración de la siembra y la cosecha. ¿Estás preparado para el cambio de paradigma del vino nuevo? ¿Tiene una nueva botella o odre para este nuevo día?

La comunidad mundial necesita su liderazgo durante este Nuevo paradigm en la tierra. Dios lo esta llamando a dar un paso adelante por fe en un nuevo y glorioso llamamiento que se extenderá más allá de tus sueños más salvajes. El evangelio va a ser predicado en lugares nunca escuchados antes, y sera recibido por gente hambrienta que estan orando ahora mismo por su llegada y liderazgo. Incluso las naciones más endurecidas, las ubicaciones más remotas y las personas más resistentes le pedirán que venga.

Aprovecha el momento. Aprovecha el día.

Únete a la revolución alimentaria mundial.
www.globalfoodproviders.com .

Capítulo 3: Aprovecha el día con acción

Mi amigo, quiero alentarlo a que haga nuevas consideraciones para su vida, familia, iglesia, negocio, vecindario, nación y la comunidad global. La inseguridad alimentaria está llegando a la sociedad como un tren de carga acelerado. Todos nos veremos afectados de un modo u otro en un futuro próximo. Ya sea que por el aumento de los precios de los alimentos, la desaparición de algunos alimentos en su área, o el hecho de ver de primera mano los efectos de la inanición y la falta de vivienda, el tren llegará a toda velocidad en una comunidad cercana a usted. No tendrá piedad de los que golpea. ¿Como lo sabemos?

La ciencia, las matemáticas y la evidencia objetiva muestran que la explosión demográfica y las tierras agrícolas utilizables disminuyen a un ritmo rápido. Todas las organizaciones mundiales de salud y alimentación, incluidas las Naciones Unidas, claman por su liderazgo y acción.

Los expertos están pidiendo una inyección masiva de capital de inversión empresarial para ayudar a crear el 50% más de suministros de alimentos necesarios en los próximos años. Piden una intervención empresarial en el mundo agrícola y científico. Están pidiendo una acción masiva en todo el mundo para proteger a los que están "más en riesgo" del trauma presente y futuro, el hambre y la hambruna masiva. Esto es algo que su liderazgo puede definir, identificar y activar entre su capacidad relacional. Hay emprendedores, inventores, desarrolladores, empresarios y jóvenes que están llenos de energía y están buscando una ola para atrapar, una oportunidad para aprovechar, y una iniciativa global para ser parte de ella. Están a nuestro alrededor. Es parte de su vocación y capacidad de liderazgo para alentar y empujar a estas personas a los campos de cosecha del nuevo día.

Mire a su alrededor y encontrará expertos en agricultura, granjeros, jardineros y aquellos con el proverbial "pulgar verde". Puede encontrar aquellos con una habilidad especial para la jardinería y la agricultura, y aquellos cuyas vidas se dirigen claramente hacia la producción, procesamiento y distribución de alimentos. Empiece a empoderarlos para aprovechar el día y crear programas que ayuden a alimentar a los pobres, a las viudas y a los huérfanos a la vez que ayudan a crear más nutrición y calorías para las masas en su círculo de influencia. Ellos pagarán por sus programas mediante la venta de alimentos y nutrición que están produciendo. Habrá mucho para los pobres. Ayude a estas personas a ser educadas y capacitadas, si es necesario, y colóquelas en posición para acelerar durante esta nueva temporada de crisis y oportunidad para el evangelio.

Quiero que consideres usar mi libro, "Global Food Revolution" como un recurso viable para ayudar a armar y entrenar a tu gente. Este libro está lleno de todas las estadísticas, tecnologías, directivas e ideas que les permiten buscar respuestas locales y encontrar los caminos correctos para su comunidad. La respuesta será diferente para cada localidad debido a la altitud, el entorno, los ciclos estacionales, los cambios en los patrones climáticos, la supervisión gubernamental, etc. Pero la respuesta para su comunidad está disponible si la persigue. Vamos a perseguirla juntos.

Creo que el Espíritu Santo les mostrará a Sus líderes exactamente cuáles son los primeros pasos y los siguientes. Causará gran fe cuando revele su plan local de seguridad alimentaria junto con el mensaje del evangelio. A veces, las instrucciones pueden no parecer naturalmente lo correcto. Pero recuerde a Isaac, quien plantó su semilla en medio de una gran hambruna y el Señor lo bendijo. Llegó justo a tiempo con el cambio de estación cuando plantó con fe.

Génesis 26:12-14 (NVI) [12] *Isaac sembró en aquella región, y ese año cosechó al ciento por uno, porque el SEÑOR lo había bendecido.* [13] *Así Isaac fue acumulando riquezas, hasta que llegó a ser muy rico.* [14] *Esto causó que los filisteos comenzaran a tenerle envidia, pues llegó a tener muchas ovejas, vacas y siervos.*

Todos debemos estar haciendo planes a varios niveles y múltiples niveles para educar y preparar nuestra base para poder brindar cierto nivel de sostenibilidad con respecto al cultivo, la preparación, el procesamiento, el envasado y la distribución de alimentos. A medida que busque al Señor, recibirá un plan de acción de sabiduría que puede implementar entre su gente, familia y comunidad. Si usted es un líder involucrado en varias ciudades o naciones, su alcance y propósito deben llegar mucho más lejos. Pero el plan se puede lograr en un tiempo récord y en beneficio de todos.

Capítulo 4: Viento en sus velas

Hay una fuerte indicación de que el Espíritu Santo está diciendo a su iglesia: "Voy a poner el viento en tus velas". Pero necesitamos poner las velas en posición, ¡AHORA! Y para el que no tiene barco, es hora de comprar o construir uno.

Si tuvieras que construir un barco de vela y esperar a que el viento viniera a llenar las velas, sin ese viento no te moverás, o como dicen, estás "muerto en el agua". Este es un principio de negocios y tiempo que he aprendido durante décadas.

He construido mi parte justa de barcos, negocios, ideas y proyectos en mi juventud que no se movieron como esperaba. No estuve a tiempo con la idea o las corrientes de viento. Pero a través del pasado, he aprendido a escuchar al Espíritu de Dios, a poner mi proverbial dedo en el viento y a captar su movimiento y dirección antes de construir algo.

Juan 3:8 (NVI) [8] *El viento sopla por donde quiere, y lo oyes silbar, aunque ignoras de dónde viene y a dónde va. Lo mismo pasa con todo el que nace del Espíritu."*

El viento está llenando las velas de la "Seguridad alimentaria mundial" ahora, y usted puede construir un barco y montarlo con gran éxito en esta temporada. ¿De qué estoy hablando? Seguridad alimentaria para su gente, vecindario, comunidad y su círculo de influencia. Estoy hablando de empresas comerciales enfocadas en esta dirección que tendrán toda la atención de las poblaciones globales. Este es el momento para ideas y conceptos creados para este gran día de necesidad. Este es el momento para que las personas se presenten ante la ocasión y aprovechen el momento.

Ahora más que nunca, me encuentro con personas que buscan comprar granjas, cultivar alimentos o aprender cómo mantener a su familia con un jardín. Estas son personas que nunca antes cultivaron, nunca cultivaron un huerto o se involucraron con alimentos. Muchos de ellos dicen que sienten que Dios quiere que se involucren con la producción de alimentos. ¿Por qué? Él está posicionando a su pueblo para la escasez de alimentos. Si escuchas atentamente, escucharás las mismas conversaciones entre tu gente. ¿Por qué? Dios está poniendo viento en las velas de este barco llamado Seguridad Alimentaria Global..

Capítulo 5: La comida es poder e influencia

Cuando era un joven pastor en una iglesia ubicada en una pequeña ciudad de Kansas, aprendí mucho de mi pastor mientras vivíamos y trabajábamos en los campos de trigo. Siempre decía cosas como:

"La comida es poder, y quien tiene la comida tiene el poder".

También sostendría una semilla de trigo y diría:

"¿Cuántos campos de trigo hay en esta semilla? Ninguno, si no la plantas en el suelo".

A través de estos momentos de "la iglesia en el campo de trigo", estaba aprendiendo más de lo que entendía en ese momento. Pronto aprendería que la comida realmente es un gran poder e influencia. Vería cómo podría traer una semi- camioneta de comida a nuestra comunidad para regalar, e inmediatamente podría lograr que 20 a 30 iglesias trabajen juntas conmigo. Con la comida podría abrir las puertas del gobierno y entrar a los sistemas escolares que normalmente están cerrados al mensaje del evangelio.

¡La comida realmente es poder! Y quienquiera

que lo tenga, tiene un gran poder y autoridad para unificar a las personas y ayuda a transformar una comunidad. Descubrí que el evangelio cabalga fácilmente en las alas de la distribución de alimentos a los pobres, necesitados, viudas y huérfanos.

En la Santa Biblia, Jesus le hablo a Pedro e hizo una declaracion tres veces a él. Creo que cualquier cosa que Jesus tuviera que decir tres veces debe ser muy importante.

Juan 21:15-18 (NVI) *15 Cuando terminaron de desayunar, Jesús le preguntó a Simón Pedro: Simón, hijo de Juan, ¿me amas más que estos?— Sí, Señor, tú sabes que te quiero —contestó Pedro.—Apacienta mis corderos —le dijo Jesús.*
16 Y volvió a preguntarle: —Simón, hijo de Juan, ¿me amas?—Sí, Señor, tú sabes que te quiero.—Cuida de mis ovejas.
17 Por tercera vez Jesús le preguntó: —Simón, hijo de Juan, ¿me quieres? A Pedro le dolió que por tercera vez Jesús le hubiera preguntado: «¿Me quieres?» Así que le dijo:— Señor, tú lo sabes todo; tú sabes que te quiero.— Apacienta mis ovejas —le dijo Jesús—.
18 De veras te aseguro que cuando eras más joven te vestías tú mismo e ibas adonde querías; pero, cuando seas viejo, extenderás las manos y otro te vestirá y te llevará adonde no quieras ir.

Hay grandes secretos revelados en este texto biblico. Jesus le estaba dando a Pedro algunas instrucciones finales antes de que él fuera crucificado. Tres veces le dijo que alimentara los corderos y ovejas. Estoy convencido de que esto era una orden de proveer no solamente alimento spiritual sino tambien alimento natural. Jesus le enseño a los discipulos a traves de Su ministerio cómo convertir unos pocos panes y pescado en una provision divina bendecida por el cielo para las multitudes.

De alguna forma, hay una conexion entre gente hambrienta, pan, pescado, el mensaje del evangelio y un creyente lleno de fe quien esta dispuesto a actuar.

A través de décadas de alimentar a los pobres, se abre una gran puerta de provisión sobrenatural cuando abrimos nuestros suministros naturales de alimentos a los pobres. Si bien no entiendo completamente cómo sucede, sé que funciona absolutamente, porque es una ley del reino de Dios. Cuando damos a los pobres el uso de alimentos naturales, las ventanas sobrenaturales del Cielo se abren sobre nosotros y aquellos que reciben la comida.

Puedo contarles innumerables historias de

multiplicación sobrenatural de alimentos que han ocurrido con frecuencia en nuestro ministerio de dar. Recuerdo una vez, cuando estábamos en Filipinas, cuando nos estábamos preparando para alimentar a unas 200 personas en un rally de la iglesia de la pequeña aldea que estábamos haciendo para un pastor local. Nosotros habiamos pagado por adelantado por la comida y las damas la prepararon en la cocina. Repentinamente, el pastor local vino a nosotros con temos en sus ojos y nos dijo que alrededor de 600 personas estaban en el rally y necesiitaban comer. Yo le pregunté que cuànto costaria proveer para el resto de las personas y él e dijo: $150. Yo saque el efectivo para esto. Pero cuando ellos fueron para comprar los suministros, la tienda local se había quedado sin comida. No habia nada disponible para comprar para alimentar esas 400 personas extra. Todo lo que pudimos hacer fue orar. Ese día alimentamos milagrosamente a todas las 600 personas, con abundantes porciones de comida en cada plato, dejando a todos los trabajadores lo suficiente para llevar enormes porciones a casa para sus familias. Fue un milagro moderno, y los servidores vieron la mano de Dios llenar las ollas con más comida cada vez que sumergían las cucharas de servir. ¡Fue una bendición maravillosa para todos, atribuida a la bondad de Dios! Tuvimos muchas salvaciones y milagros ese día, y todo comenzó con el milagro de la multiplicación de alimentos. Y la fe de los pastores explotó a partir de ese momento.

Recuerdo que al comienzo de nuestro ministerio de alimentación, cuando nos lanzábamos por fe para llegar a un vecindario de alta criminalidad en St. Louis, Missouri, EE. UU. Anteriormente, siempre habíamos luchado para mantener abastecida nuestra pequeña despensa de la iglesia para los pobres. Pero el Señor había puesto mucho en mi corazón para creerle a Él para que nos dieran un camión de comida. Recuerdo que me paré frente a la iglesia y les dije que iba a creerle al Señor por un camión de comida para llegar al Parque Fairgrounds. Esta fue la 2da área de más alta criminalidad en nuestra ciudad. Algunos jóvenes acababan de ser baleados en ese parque. La comunidad estaba profundamente temerosa. Íbamos a llegar y romper la espalda del miedo, el terror y la pobreza predicando el evangelio. Pero necesitábamos un camión lleno de comida para que la gente saliera a la luz pública para poder predicar el mensaje de esperanza.

No sabía cuánto costaría un camión de comida. No sabía cuánto pesaba ni de dónde podía venir. Pero sabía que necesitaba un camión y me aferré a eso en fe. Comencé a hacer llamadas telefónicas, a hacer preguntas y a empujar el sobre. En una semana tuve una red de 26 iglesias listas para ayudar a predicar el Evangelio y distribuir los alimentos. Hice amistad con un maravilloso obispo que asignó todos sus recursos locales para que el evento se realizara a solo una cuadra de su iglesia principal en Fairgrounds Park. Y, de repente, me trajeron un camión de comida de un banco de alimentos a mitad de camino cruzando el país. Preparamos todo, y cuando el evento se desarrolló, me habían donado tres camiones de comida para nuestro evento. Uno de ellos estaba lleno de carnes congeladas de Dollar Meats. Ese día predicamos el evangelio a más de 800 personas, tocamos música, tuvimos una clínica de salud móvil, educación para la policía y contra el crimen, cortes de pelo gratuitos, payasos y actividades para niños. Regalamos enormes bolsas de ropa bonita y gratuita, teníamos puestos específicos de oración y médicos, y ese día entregamos más de 100,000 libras de alimentos. Los pobres estaban contratando taxis para llevar a casa 150 a 200 libras de alimentos. Nuestros voluntarios de la iglesia estaban empaquetando furgonetas de la iglesia y automóviles con comida y ropa para ayudar a las personas a llegar a casa con los regalos. Fue un evento milagroso y el inicio de nuestra "fe en camiones" de regalar comida. Nunca más lucharíamos para llenar la despensa de la iglesia. Desde ese momento en adelante, se trataba de camiones y paletas llenos de nutrición. ¡Gracias Jesús!

Cuando comienza a alimentar a los pobres, obtiene influencia inmediata con ellos, con políticos, dueños de negocios, líderes comunitarios, profesionales de los medios de comunicación y cualquier persona que tenga un corazón de compasión por los desamparados. Es realmente sobrenatural cómo "la comida es poder" y "la comida es influencia". Creo que este es el secreto que Jesús estaba tratando de transmitirle a Pedro cuando le preguntó tres veces: "¿Me amas? Alimenta a mis ovejas". Le estaba mostrando a Pedro la manera sobrenatural de desbloquear el reino de los cielos para el suministro divino, y de desbloquear los corazones de las personas de influencia hacia el evangelio.

Jesus alimentó a los 5,000 (Mateo 14:15-20) y a los 4,000 (Mateo 15:32-38) a través de una provision milagrosa. El le dijo a los discipulos "alimentenlos ustedes". El estaba activando su fe para ver para de lo que ellos tenían en sus manos. El quería que ellos tomaran la comida natural, y a través de darsela a otros esta se incrementaria y multiplicaria sobrenaturalmente. Esto funcionó para El. Esto funcionó para ellos. Y esto funcionará para usted. Quiere usted ver lo sobrenatural en su vida, familia, negocio o ministerio? Comience a dar comida a los pobres y pídale al Señor que lo bendiga y multiplíque. ¡Cuidado! Es posible que esté en la fila de camiones de carga semi, cargas de avión, cargas de trenes y cargamentos de suministros de alimentos milagrosos.

Jesús alimenta a los 4,000: Mateo 15:32-38 (NVI) *[32] Jesús llamó a sus discípulos y les dijo: Siento compasión de esta gente porque ya llevan tres días conmigo y no tienen nada que comer. No quiero despedirlos sin comer, no sea que se desmayen por el camino. [33] Los discípulos objetaron: ¿Dónde podríamos conseguir en este lugar despoblado suficiente pan para dar de comer a toda esta multitud? [34] ¿Cuántos panes tienen? —les preguntó Jesús. Siete, y unos pocos pescaditos. [35] Luego mandó que la gente se sentara en el suelo. [36] Tomando los siete panes y los pescados, dio gracias, los partió y se los fue dando a los discípulos. Estos, a su vez, los distribuyeron a la gente. [37] Todos comieron hasta quedar satisfechos. Después los discípulos recogieron siete cestas llenas de pedazos que sobraron. [38] Los que comieron eran cuatro mil hombres, sin contar a las mujeres y a los niños.*

Jesús alimenta a los 5,000: *Mateo 14:15-21 (NVI)*

Al atardecer se le acercaron sus discípulos y le dijeron: —Este es un lugar apartado y ya se hace tarde. Despide a la gente, para que vayan a los pueblos y se compren algo de comer. [16] —No tienen que irse —contestó Jesús—. Denles ustedes mismos de comer. [17] Ellos objetaron: —No tenemos aquí más que cinco panes y dos pescados. [18] —Tráiganmelos acá —les dijo Jesús. [19] Y mandó a la gente que se sentara sobre la hierba. Tomó los cinco panes y los dos pescados y, mirando al cielo, los bendijo. Luego partió los panes y se los dio a los discípulos, quienes los repartieron a la gente. [20] Todos comieron hasta quedar satisfechos, y los discípulos recogieron doce canastas llenas de pedazos que sobraron. [21] Los que comieron fueron unos cinco mil hombres, sin contar a las mujeres y a los niños.

¡La comida es poder e influencia! Cuando nos mudamos a Panamá para construir un prototipo de granja de invernadero comercial, usamos el poder de los alimentos para alimentar a los pobres. Llegó nuestra primera cosecha de 2,500 libras de pimientos. Los cargamos en bolsas de 30 lb. y los llevamos a las oficinas del alcalde de la ciudad, orfanatos para niños, escuelas y centros de alimentación. Cada bolsa de pimientos que regalamos nos dio influencia automática con los líderes de esas instituciones, así como con los alcaldes en sus ciudades. Recuerdo que miré muchas de sus caras cuando estaban en shock.

¿Por qué estos gringos nos trajeron 100 libras de pimientos de forma gratuita? ¿Y sin ataduras? ¿Y nos están apoyando y ayudando en nuestros trabajos para tratar de ayudar a la comunidad?

Les dijimos a los alcaldes y directores de las escuelas, "Queremos ayudar a alimentar a los pobres hoy, con nuestra cosecha. Pero nosotros no sabemos quienes son los pobres. Pero sabemos que ustedes saben quienes son los más necesitados en sus escuelas y comunidades. Entonces, queremos que ustedes entreguen estos pimientos en su nombre. Por favor, no les digan que los pimientos vinieron de nosotros. Nosotros se los damos a ustedes y ustedes los pueden entregar a ellos. Solo queremos que sepa que lo apoyamos y estamos agradecidos por todo lo que hacen por nuestra comunidad".

No estoy seguro de que alguna de estas personas haya visto algo así antes, ya que no es costumbre regalar mucha comida en nuestra región. Pero lo hicimos como un acto de obediencia a Dios. Sentimos que Él nos guió a hacer esto, sin saber por qué. No queríamos nada a cambio. Pero se produjo una gran influencia que resultó en un gran favor en toda la región y la nación. Sobrenaturalmente construimos un puente sobre el río de nuestra granja, lo que brindó un mejor acceso. Los postes eléctricos aparecieron de un donante desconocido para llevar electricidad a nuestra granja (que anteriormente solo funcionaba con un generador). La gente vino a ayudar y ofreció voluntariamente su tiempo. Puertas internacionales continuamente abiertas para nosotros. La provisión sobrenatural llega a nuestras vidas y al ministerio desde todas las direcciones. Este continuo derramamiento viene a nosotros porque damos a los pobres. ¿Cómo sucede? No lo sé con seguridad. Simplemente nunca querría salirme de este divino río de amor, misericordia y provisión.

Cuando era un joven predicador en San Luis, antes de dar comida en grandes cantidades, tuve la oportunidad de reunirme con un gran evangelista internacional mientras estaba en Filipinas. Tuve la oportunidad única de almorzar con él durante un viaje misionero. Este hombre había llenado estadios importantes en todo el mundo, había visto grandes milagros en su ministerio y en ese momento estaba alimentando a unos 200,000 niños por día en todo el mundo. Y yo iba a almorzar con él uno a uno. Me preparé para la mejor pregunta que pudiera hacerle. Cuando nos reunimos para almorzar, le disparé mi pregunta. Y su respuesta cambió mi vida.

Le dije: "Señor, si hubiera una cosa a la que pudiera atribuir su gran éxito, ¿cuál sería esa única cosa?" Él respondió: "Le diré, pero no va a ser la respuesta que usted espera la que voy a decirle."

El continuó construyendo la línea de la historia. Él dijo: "Sabes, no soy una persona muy inteligente. Ciertamente no soy el mejor predicador. Mis historias bíblicas se confunden y es posible que Joshua construya el arca y Moisés cruce el Jordán. Y no soy realmente una persona muy agradable al final del día y soy bastante duro y abrupto. Si usted y yo trabajamos junto por mucho tiempo, probablemente lo ofendería con algo que le diría a usted. En realidad soy bastante egoísta y no sé por qué Dios me habría elegido para trabajar para Él. Soy un hombre con muchos pecados y lucho con eso todos los días. Pero después de todos estos problemas, tengo una cosa a mi favor".

Luego se detuvo y esperé atentamente escuchando cada palabra que dijo.

Después de la larga pausa, continuó: "Yo alimento a viudas y huérfanos. Ayudo a Dios a cumplir Su promesa en esta tierra cuando dijo: 'Seré un padre para los huérfanos y seré un esposo para la viuda'. Y he encontrado que, siempre que ayudo a Dios a obtener provisiones para Su esposa e hijo, y le ayudo a cumplir Su promesa en la tierra, entonces

Él, a cambio, hace que mis sueños se hagan realidad"

El continuó, "yo amo predicar el evangelio, orar por los enfermos, y viajar alrededor del mundo. Amo llenar estadios y ver a la gente venir a Jesús. Y El me ha permitido hacer todo esto a pesar de todos mis errores. Pero yo estoy convencido de que solo es porque yo alimento a Sus viudas y huerfanos, que El me permite hacer las cosas que amo."

Esa no era la respuesta que yo estaba esperando, pero esa fue la más profunda, mas impactante sabiduria que jamas podria haber pedido. Después de esa reunion, yo hice una decision personal de que una porcion de todo lo que yo hiciera en mi futuro iria dirigido a las viudas y huerfanos. También me esforzaría por ayudar a Dios a cumplir Sus promesas en la tierra. Me convertiría en un proveedor global de alimentos para los pobres, la viuda y el huérfano. Al principio no sabía qué significaba eso ni cómo se llevaría a cabo. Pero sabía que comenzó con la multiplicación de nuestra pequeña despensa de la iglesia en St. Louis, Missouri. Y esa palabra entregada a mi corazón "en temporada" ha crecido desde entonces. Tendría las agallas de creerle a Dios por ese primer semi camión cargado de alimentos para dar a los pobres, que se convirtió en tres camiones (historia arriba). Y esa fe abriría puertas que nunca se han cerrado desde entonces.

Hoy, decadas más tarde, yo puedo decir honestamente la misma cosa que este hombre me dijo.

Usted sabe, yo no soy una persona muy inteligente. Yo no soy en realidad el mejor predicador. Yo mezclo las historias biblicas de ven en cuando. Yo realmente soy una persona bastante dura y abrupta. Soy en realidad bastante egoista y no se porque Dios me escogeria para trabajar para El. Pero yo tengo esta cosa a mi favor. Yo alimento a las viudas y a los huerfanos. Yo le ayudo a Dios a cumplir Su promesa en esta tierra. Y he descubierto que, mientras lo ayudo a obtener suministros para sus viudas y huérfanos, hace que mis sueños se hagan realidad. No sé cómo decirlo. Tal vez:

Proverbios 19:17 (NVI) [17] *Servir al pobre es hacerle un préstamo al SEÑOR;*
Dios pagará esas buenas acciones.

O........

Proverbios 22:9 (NVI) [9] *El que es generoso será bendecido, pues comparte su comida con los* *pobres.*

O.......

Santiago 1:27 (NIV) [27] *La religión pura y sin mancha delante de Dios nuestro Padre es esta: atender a los huérfanos y a las viudas en sus aflicciones, y conservarse limpio de la corrupción del mundo*

"Pedro", Jesús dijo, "¿Me amas? Alimenta a mis ovejas."

La puerta a lo sobrenatural espera. Seamos fieles para abrir las puertas sobre nosotros, nuestros hogares, comunidades, iglesias, empresas y naciones. Especialmente con esta catastrófica crisis de seguridad alimentaria que se avecina en el mundo. Te animo a que abraces el día, aproveches el momento, alzas las velas, extiendas tu fe y le pidas a Dios un suministro abundante del Cielo. ¡Ayúdelo a cumplir Sus promesas en la tierra y usted se convertirá en un Proveedor Global de Alimentos!

Únase a nuestro proyecto educativo en línea "Agriculture College", enseñando a los líderes a iniciar proyectos de agricultura y jardinería en sus comunidades, ingresar a la industria de alimentos comerciales y alimentar a los pobres, abatidos, viudas y huérfanos.

www.globalfoodproviders.com .

Global Food Providers

Capítulo 6: El evangelismo agrícola, una puerta abierta.

Salmos 2:8-9 (NVI) *"Pídeme, y como herencia te entregaré las naciones; ¡tuyos serán los confines de la tierra!* [9] *Las gobernarás con puño de hierro; las harás pedazos como a vasijas de barro"*

Ahora hay una puerta abierta a las naciones más cerradas al evangelio, a las más resistentes ya las más lejanas y difíciles de alcanzar. La puerta está abierta a través de la educación agrícola y empresarial. En las regiones más oscuras a las que no se ha permitido el acceso a la luz del evangelio, encontramos personas esclavizadas en sus mentes y entregadas a la pobreza masiva, tanto en la mente como en los suministros naturales.

Parece que hay una maldición en el suelo de su granja. Las dictaduras duras, el socialismo y el comunismo dominan algunos de sus gobiernos. Muchos obstáculos del alma humana han detenido la capacidad de la gente para multiplicarse, aplastaron la creatividad y destruyeron entornos de negocios saludables. La agricultura también se ve muy obstaculizada ya que las personas pierden la voluntad de trabajar duro por una recompensa pequeña o ninguna.

Si observamos detenidamente las naciones más difíciles de alcanzar, encontraremos puertas abiertas en todas partes. La educación agrícola y empresarial es desesperadamente necesaria. Las sociedades rotas necesitan reparaciones. Desde el suministro de agua fresca hasta la provisión de la cadena alimentaria. Las personas necesitan capacitación laboral, educación en idiomas y clases de negocios. Cualquiera que esté dispuesto a entrar y brindar estas oportunidades tiene una puerta abierta hacia las naciones más difíciles de alcanzar que están cerradas a la vieja manera de predicar el evangelio.

La comida es poder. Quien tiene la comida tiene el poder.

Yo lo llamo evangelismo agrícola. Implica tomar la sabiduría, el conocimiento y el conocimiento para cultivar alimentos y educar a la gente para que cuide a sus propios compatriotas.

Con la inseguridad alimentaria aumentando a nivel global, las puertas están abiertas para que la educación y la capacitación agrícola entren en las naciones más cerradas. Nos gustaría que durante esta temporada enviemos una nueva ola de misioneros a la escuela de Agricultura Vocacional, capacitación en mecánica automotriz y de equipos agrícolas, capacitación en empacado y procesamiento de alimentos, escuela de manejo de camiones y mucho más. Todas estas habilidades de trabajo son puertas abiertas absolutas en países con inseguridad alimentaria. Cuando las personas que antes eran resistentes tienen hambre y sus granjas y negocios se están consumiendo, a ellos no les importa si eres cristiano o no. Si ven que estás dispuesto a ayudarlos a superar un problema agrícola, comercial o social, te estarán agradecidos por tu buena disposición para ayudar. Te invitarán con los brazos abiertos.

Deuteronomio 8:18 (RVR) [18] "Sino acuérdate de Jehová tu Dios, porque él te da el poder para hacer las riquezas, a fin de confirmar su pacto que juró a tus padres, como en este día."

El Señor nos ha dado el poder de hacer riquezas. Estas dos palabras son intercambiables. El nos da las riquezas para obtener el poder, y el poder para obtener riquezas. Y parte del poder que El nos da es sabiduria, vision, la capacidad de hacer negocios, y la habilidad de ver un problema con capacidad de repararlo.

Y la mayor riqueza que un plantador de iglesias puede obtener es la capacidad de relacionarse con gente. De hecho, una persona con la capacidad de solucionar un problema agrícola es una persona muy rica en el mundo de la agricultura. La sabiduría que esta persona puede proporcionar es inestimable, ya que se enseñan nuevas formas de cultivar alimentos, los sistemas y las ideas nuevas producen más alimentos y se comparten nuevos secretos del Reino de Dios para traer luz a la producción de alimentos. De hecho, Dios quiere usar a nuestros plantadores de iglesias, misioneros y empresarios para establecer Su pacto en la tierra.

Lucas 10:2 (NVI) [2] *Es abundante la cosecha —les dijo—, pero son pocos los obreros. Pídanle, por tanto, al Señor de la cosecha que mande obreros a su campo.*

Necesitamos encontrar "Hijos de Isaachar" en nuestras esferas de influencia relacional. Estos dones de Dios residen en hombres y mujeres de negocios, agricultura, ciencia, comercio e industria. Pueden leer fácilmente los tiempos y las estaciones, y saben cuál es el mejor camino para las granjas, los esfuerzos empresariales y los negocios. Ellos tienen un don para ver un problema y saber exactamente que hacer para arreglar el problema. Estas son personas que necesitamos empujar en los campos de cosecha del mundo. Sus dones brillarán en los lugares oscuros y causaran que los hombres vengan a la luz del glorioso evangelio!

El rey David estaba rodeado por aquellos dotados con estas habilidades. Fueron necesarios para ayudar a establecer el reino y el trono de David. Conocían los tiempos y las estaciones y lo que se debería hacer para tener éxito.

1 Crónicas 12:32 (RVR) 32 *"De los hijos de Isacar, doscientos principales, entendidos en los tiempos, y que sabían lo que Israel debía hacer, cuyo dicho seguían todos sus hermanos."*

Este es un nuevo día con nuevas oportunidades y puertas abiertas para llegar a áreas nunca antes accesibles. Una de las principales puertas disponibles es el evangelismo agrícola. Debemos llevar el Evangelio junto con la capacidad de cultivar alimentos y educar a otros sobre cómo hacer lo mismo. Construiremos relaciones y haremos discípulos de aquellos que reciben el evangelio.

Recomiendo encarecidamente que los plantadores de iglesias de hoy consideren tomar con ellos, hijos de Issachar, empresarios y agricultores, profesionales de la industria y personas con gran capacidad para ver problemas sociales con conocimientos sobre cómo solucionarlos.

Los plantadores de iglesias pueden, literalmente, ir a naciones cerradas y comenzar una granja. Un proyecto agrícola proporcionará empleos y educación a la comunidad para la seguridad alimentaria. La producción de alimentos será comprada por la gente. Se construirán relaciones con los trabajadores y sus familias, con empresarios y comerciantes que compran y venden sus productos, y con vecinos que compran sus alimentos. Ellos lo observarán a usted y cómo usted lleva a cabo su negocio con altos principios, ética y con cuidado por la comunidad. Lo verán preocupado por los pobres y alimentándolos. Lo verán ofreciendo una mano de ayuda a los necesitados. Sea ayudando a reparar el techo de su vecino, ofrezcase como voluntario para ayudar a la iglesia local, ayudar a pintar y limpiar el parque local. Su vida y su luz brillarán ante estas personas. Se abrirán sus corazones y vidas. La comida se convertirá en el poder que le otorga autoridad en su comunidad. La misericordia en operación hacia los pobres, los abatidos y los necesitados hará que usted se destaque entre las personas como personas excepcionales que deben haber sido enviadas por Dios. Y el poder de lo milagroso le seguirá mientras ama y cuida a las personas con las que ha plantado tus cultivos. Cuando ores, Dios responderá. Y la gente aprenderá a confiar en su Dios y deseará seguirlo como usted.

La granja no sera solamente su entrada a la comunidad, sino que será tambien una avenida de provision financiera para su familia. La venta de productos agricolas le daran ingresos y se ayudara a pagar sus cuentas. A medida que se convierta en una instalación permanente en su comunidad a través de la agricultura, su influencia y alcance serán muy amplios. Y si usted trae nuevos conceptos e innovaciones agrícolas a la comunidad, ellos le pedirán que venga a ayudarlos de granja en granja, de comunidad en comunidad y de seminario a conferencia. Dios cumplirá su promesa como prometió a Abraham:

Génesis 12:2 (RVR) *2 Y haré de ti una nación grande, y te bendeciré, y engrandeceré tu nombre, y serás bendición.*

Puedo testificar personalmente que nuestra granja, iniciada en Chiriquí, Panamá, ha hecho importantes avances en toda la comunidad agrícola y la provincia. Nos hemos hecho amigos con cientos de agricultores, productores, especialistas en productos y compradores de productos. Tenemos una relación muy especial con los alcaldes, directores de escuela, maestros, profesores universitarios, reguladores gubernamentales y personal de oficina, banqueros, dueños / gerentes de restaurantes y sus empleados, mecánicos de automóviles, especialistas en reparación y personas en todas partes con las que nuestra operación de granja se conecta diariamente, semanal y mensualmente. Nuestros vecinos son nuestros amigos. Nuestros empleados son familia. Lucharemos para protegernos unos a otros y nos ayudamos continuamente como familia y los verdaderos amigos deberían. Pasamos tiempos juntos y extendemos el amor de Dios siempre que sea posible. Nuestra luz ha llegado más lejos a través de nuestra granja que cualquier edificio tradicional de la iglesia del domingo por la mañana podría alcanzar.

Cuando comenzamos nuestro proyecto de granja prototipo, el Señor nos reveló claramente que íbamos a hacer las cosas al revés de la antigua forma normal de plantación de iglesias. Primero comenzaríamos la granja, y luego, eventualmente, comenzaríamos una universidad bíblica para capacitar a líderes cristianos. Luego comenzaríamos una iglesia con los líderes que habían sido levantados a través del colegio bíblico.

La granja es un concepto modelo para las naciones más duras y cerradas de la tierra. El reino está dentro de usted, y necesita ser insertado en su sociedad. Pero tiene que venir a través de la agricultura, los negocios o la educación, proporcionando respuestas poderosas a sus peores problemas. Cuando usted provee las respuestas junto con provision de comida para sus mercados y hacia sus pobres, su influencia quebrará las paredes de Resistencia y usted ganará gran favor entre los hombres. Su semilla de mostaza se convertirá en el más grande de los árboles para que la comunidad se refugie. Y su levadura del reino entrará en los corazones de la gente, y la comunidad se convertirá por el poder de Dios para la salvación.

Mateo 13:31-33 (NVI) *31 Otra parábola les refirió, diciendo: El reino de los cielos es semejante al grano de mostaza, que un hombre tomó y sembró en su campo; 32 el cual a la verdad es la más pequeña de todas las semillas; pero cuando ha crecido, es la mayor de las hortalizas, y se hace árbol, de tal manera que vienen las aves del cielo y hacen nidos en sus ramas. 33 Otra parábola les dijo: El reino de los cielos es semejante a la levadura que tomó una mujer, y escondió en tres medidas de harina, hasta que todo fue leudado.*

Sin lugar a dudas, los negocios, la educación, el idioma y la capacitación laboral son puertas abiertas a las sociedades cerradas. Pero debido a la seguridad alimentaria mundial que está llegando a lo más profundo de estas naciones cerradas, está claro que el Señor está poniendo el viento en las velas de cualquiera que quiera intervenir a través del evangelismo agrícola. De hecho, la puerta está abierta de par en par.

Como nota al margen, estamos trabajando arduamente para brindar inspiración, capacitación agrícola, capacidad relacional y asistencia agrícola a quienes estén dispuestos a asumir el desafío supremo. Únase a nosotros en nuestra búsqueda para construir, capacitar y enviar evangelistas agrícolas a las naciones más duras y cerradas del mundo.

www.globalfoodproviders.com

Una de mis canciones favoritas de Steven Curtis Chapman cuenta la historia. Las palabras para "La gran aventura" son las palabras que vivimos todos los días como evangelistas agrícolas.

"Ensilla tus caballos. Tenemos un sendero que arder. A través del azul salvaje de la asombrosa gracia de Dios. Sigamos a nuestro líder hacia lo glorioso desconocido. Esta es la vida como ninguna otra. Esta es la gran aventura".

Únete a la revolución alimentaria mundial.

www.globalfoodproviders.com .

Capítulo 7: Faraon Tiene Un Plan

En los días de José, su exitosa interpretación del sueño de Faraón lo puso a la mano derecha de Faraón. El era responsible por juntar comida durante siete años de abundancia y preparandose por siete años de escasez que vendrían. Sería fiel para ayudar a la gente cuando los siete años de hambruna magra golpearan a Egipto. Pero su jefe inventaría un plan tortuoso para sacar provecho de la hambruna y finalmente sería dueño de la tierra de todos a cambio de comida para mantenerlos con vida. Faraón era un hombre de negocios y usaría el hambre para ganar una gran riqueza. Su plan fue diabólicamente sabio y calculó cuánto tiempo les durarían las cuentas de ahorro de la gente antes de ser forzado a firmar por sus granjas, tierras y hogares. A cambio de ser atendido hasta el final de los siete años, el Faraón cambiaría la provisión a corto plazo por la propiedad de la tierra a largo plazo. ¿Por qué no? Él sabía el futuro. Pero lo usó para su propio incremento en lugar de ser un instrumento de misericordia hacia los "que pronto serán" pobres.

El espíritu de Faraón tiene un plan diabólico para la humanidad de hoy que refleja la historia del Antiguo Testamento en Egipto. Hay un viejo dicho que un líder del gobierno habló no hace mucho tiempo y dijo: "No queremos dejar que una crisis se desperdicie". En otras palabras, aprovechemos una crisis humanitaria y hagamos que sea una oportunidad para aumentar nuestra autoridad, poder y capacidad.

El faraón se está preparando para aprovechar el control de las personas, sus granjas, hogares y tierras, y naciones enteras a medida que aumenta la inseguridad alimentaria mundial. Vemos un intento del espíritu de Faraón para gravar nuestra huella de carbono y el uso de energía. Los gobiernos están buscando formas de cobrar impuestos sobre nuestra agua y aire, para introducir regulaciones que limiten y controlen cómo vivimos y qué comemos. En nombre del cambio climático, se están introduciendo nuevas ideas de impuestos y control en todo el mundo. Esto es simplemente el Faraón está trabajando para aprovechar una crisis y convertirla en una oportunidad.

Puede comunicarse con el Dr. Daniel Daves en Facebook, Instagram, Twitter o por correo electrónico a: info@globalfoodproviders.com.

Capítulo 8: Pensamientos Finales

Este es un momento para que caminemos con toda la gravedad, la sobriedad y la vigilancia, y brindemos las respuestas del Cielo a las personas necesitadas sin impuestos y sin apoderarse de la riqueza. Si bien se nos alienta a ayudar a la gente como lo hizo José, creo que en esta ocasión, debemos proporcionar respuestas que detengan la crisis, el hambre y la confiscación de tierras por el espíritu del Faraón.

A través de sabiduría, conocimiento, sacrificio personal y gran fe nosotros podemos: liderar a las personas al reino glorioso de Dios, traerles Su suministro y provision, y traer la luz del glorioso evangelio de Jesucristo en las vidas, hogares, industrias, gobiernos y sociedades. Hay una manera mayor, y nosotros somos quienes proveemos esa manera.

Isaias 62:10 (NVI) *10 ¡Pasen, pasen por las puertas! Preparen el camino para el pueblo. ¡Construyan la carretera! ¡Quítenle todas las piedras! ¡Desplieguen sobre los pueblos la bandera!*

Y……

Mateo 28:1-10 (NIV) *1 Después del sábado, al amanecer del primer día de la semana, María*

Magdalena y la otra María fueron a ver el sepulcro.
2 Sucedió que hubo un terremoto violento, porque un
ángel del Señor bajó del cielo y, acercándose al
sepulcro, quitó la piedra y se sentó sobre ella. 3 Su
aspecto era como el de un relámpago, y su ropa era
blanca como la nieve. 4 Los guardias tuvieron tanto
miedo de él que se pusieron a temblar y quedaron
como muertos. 5 El ángel dijo a las mujeres: —No
tengan miedo; sé que ustedes buscan a Jesús, el
que fue crucificado. 6 No está aquí, pues ha
resucitado, tal como dijo. Vengan a ver el lugar
donde lo pusieron. 7 Luego vayan pronto a decirles a
sus discípulos: "Él se ha levantado de entre los
muertos y va delante de ustedes a Galilea. Allí lo
verán". Ahora ya lo saben. 8 Así que las mujeres se
alejaron a toda prisa del sepulcro, asustadas pero
muy alegres, y corrieron a dar la noticia a los
discípulos. 9 En eso Jesús les salió al encuentro y las
saludó. Ellas se le acercaron, le abrazaron los pies
y lo adoraron. 10 —No tengan miedo —les dijo
Jesús—. Vayan a decirles a mis hermanos que se
dirijan a Galilea, y allí me verán.

Que el Señor bendiga nuestro viaje hacia la gran aventura. Y que prediquemos el evangelio a todas las naciones, tribus, personas y lenguas para que todo el mundo pueda conocer la gracia salvadora de nuestro Señor y Salvador Jesucristo. Recuerda, "la comida es poder. Y el que tiene la comida tiene el poder". – Dr. Don Matison

\- Fin

El Dr. Don Matison y el Dr. Daniel Daves juntos en uno de sus proyectos de alimentación infantil en Guatemala.

Viaje de misiones mundiales

Únase a nosotros en unas vacaciones agrícolas o traiga un equipo de misiones para ayudarnos a construir, alimentar a los niños y predicar el Evangelio. Únase a nosotros en un viaje internacional para entrenar plantadores de iglesias. Encuentra más información en www.globalfoodproviders.com

Dr. Daniel & Tracy Daves

Trabajar con los preciosos pueblos indígenas de América Central, alimentando a sus pobres y capacitandolos con habilidades de trabajo, negocios e idiomas.

Suministro de alimentos, suministros agrícolas, semillas y educación.

Distribuyendo comida fresca a viudas y huerfanos.

Las alegrías de alimentar a los inocentes y hambrientos.

Iglesia, comunidad y servicios de evangelización hacia personas muy hambrientas espiritualmente.

Aprender técnicas de granja para el campo misionero.

Trabaje con escuelas y orfanatos que generalmente están abiertos a las buenas noticias y a las operaciones de alimentación de la misericordia.

Recuerdos: fotos de la primera campaña evangelística “3 semi camiones” en Fairgrounds Park, St. Louis, MO. ESTADOS UNIDOS como se menciona en el Capítulo 5.

Descarga de alimentos frescos y congelados lo más rápido posible.

El coordinador Larry Key frente al camión del banco de alimentos.

M
Refrigerated

Entrega de ropa usada.

1,000 perros calientes y hamburguesas.

Alcance de los niños

Camión # 3 exitosamente descargado. ¡Músculos adoloridos!

Nuestro querido amigo, el obispo Arthur Kelley en el fondo, que estableció todas las conexiones de la iglesia.

¡40,000 libras de comida fresca por camión x 3 camiones!

Treinta y cinco iglesias trabajando juntas en unidad. Rojo, amarillo, negro y blanco, todos de pie contra el crimen, el miedo de la comunidad y la pobreza. La comunidad se reunió y recibió un derramamiento divino de amor y provisión. La respuesta fue abrumadora. ¡Había tanta comida al final del evento, que amontonamos las despensas de la iglesia llenas!

Mateo 15:36-37 (NVI) [36]*Tomando los siete panes y los pescados, dio gracias, los partió y se los fue dando a los discípulos. Estos, a su vez, los distribuyeron a la gente.* [37]*Todos comieron hasta quedar satisfechos. Después los discípulos recogieron siete cestas llenas de pedazos que sobraron.*

De la historia de Filipinas sobre la provisión de alimentos milagrosos en el Capítulo 5.

¡Uno de los proyectos de alimentación de Filipinas donde la comida se multiplicó milagrosamente ante nuestros ojos!

See Dr. Daniel Daves' training materials for business, ministry and finance. www.doctordanieldaves.com

Made in the USA
Monee, IL
04 November 2026

67377612R00039